生き物の体のしくみに学ぶテクノロジー

環境適応のくふうがいっぱい！

[監修] 石田秀輝

PHP

はじめに

　地球は今から約46億年前に生まれました。そのころの地球は、表面がドロドロにとけた高温のマグマでおおわれていました。大気は60気圧もあり、窒素、二酸化炭素と水蒸気が凝縮されたぶあつい雲になっていました。そのため地上では、太陽の光がとどかない暗黒の世界が長くつづきました。

　その後、だんだんと地球がひえて、ある温度まで下がってきたとき、雲が水滴に変わり豪雨が地上に降りそそぐようになり、海が出来上がりました。41億年ほど前のことです。

　生命が誕生したのは約38億年ほど前の深海で、光と酸素のないところでも生きられる細菌だったと考えられています。やがて、地球が磁場でおおわれ、有害な宇宙線がさえぎられるようになった約27億年前、太陽の光がとどくあさい海で、光のエネルギーを利用して二酸化炭素と水から栄養と酸素をつくりだすシアノバクテリア(光合成細菌)が誕生します。そして、20億年ほど前にシアノバクテリアが大量に発生したことで大気中の酸素濃度がふえていきました。今、地球の大気中の酸素濃度は21％ですが、このような大気に近づいたのは約5億年ほど前で、このとき海の中で大量の生き物が発生しました。また、酸素濃度の上昇は、生命体を破壊する太陽光の中の紫外線を吸収してくれ

　るオゾン層をつくり、これが、その後生き物が地上に進出するきっかけになりました。

　こうして考えると、地球がひえていくにつれ、多くの生き物が生まれ、酸素がふえ、現在の地球につながっていったように思えますが、実はこの間に多くの変化がありました。たとえば、4億4000万年前から6600万年ほど前の間におこった5回の大量絶滅の歴史の中では、すべての生き物の70〜95％以上が絶滅しました（現在は、6回目の大量絶滅期だともいわれています）。

　そのような過酷な環境変化の中で、生き物はそれぞれの環境に合わせて進化し、生きのびてきました。そのための知恵はおどろくばかりです。外敵やきびしい環境から自分をまもり、熱や超音波でえものをさがし、安全に子孫を育てるといったメカニズムを、多くのエネルギーをつかわず、当たり前のようにつかっているのです。

　地球史46億年、生命史38億年の長い歴史の中で創り上げてきた生き物たちのおどろくようなくふうを学んでみてください。石油や電気をたくさんつかわなくても、素敵なくらしを創り上げるヒントを見つけることができるかもしれません。

石田 秀輝（Emile H.Ishida）

生き物の体のしくみに学ぶテクノロジー

もくじ

はじめに　　　　　　　　2

自然はすごい！　太陽のエネルギーをつかう生き物　6

自然はすごい！　生き物たちのテクノロジーに学ぼう！　8

ポンプをつかわず水を運ぶ　10

気もちよくすごす　14

寒い冬をこす　18

発見！生き物の知恵　きびしい環境を生きぬく！？　22

自分をまもる　24

自分をなおす　28

発見！生き物の知恵　生き物が鉄やガラスをつくる！？　32

じょうぶでも割れやすい殻		34
じょうぶな糸をつくる		38
発見！生き物の知恵 太陽がなくても生きられる!?		42
色のもとがなくても色を見せる		44
体の色を変えられる		48
音をつかってえものをとらえる		52
においや熱でえものをさがす		56
発見！生き物の知恵 するどい歯をたもつ		60
さくいん		62

自然はすごい！

太陽のエネルギーをつかう生き物

🌱 太陽が地球の生き物のみなもと!?

地球上の生き物たちの間には、食べる・食べられるという食物連鎖の関係があります。海にも太陽の光を利用して水と二酸化炭素から自分で栄養をつくる海藻や植物プランクトンがいて、それらを食べる小さな魚やエビなど、さらにそれらを食べる大きな魚などがいます。そして、それらの動物のふんや死がいなどを分解して土や水の栄養をつくる虫や細菌などへとつながっています。

そうした食物連鎖の中で、太陽の光のエネルギーは、植物から動物、土や水などの栄養やエネルギーとして自然の中をめぐっています。自然は、太陽の光のエネルギーだけで多くの命をはぐくんでいるのです。

人類が太陽のめぐみをつかいはたす！？

わたしたちの身のまわりにあるものは、そのほとんどが石炭や石油、天然ガス、金属や鉱物などの地下にある資源をつかってつくられています。石炭や石油、天然ガスは、もともと太陽の光エネルギーをつかって生きていた大昔の生き物の体が、地下にとじこめられて、数億年もかけてできたものです。それらの中には、数億年分の太陽のエネルギーがとじこめられているといってよいでしょう。人類は、250年ほど前から石炭を、100年ほど前からは石油を大量につかって、ものや電気をつくったり、車や船、飛行機などを動かしたりするようになりました。こうして、わたしたち人類は、べんりでゆたかな生活を送ることができるようになりました。しかし、今から約50年後に石油、100年あまり後には石炭をつかいはたしてしまうと予測されています。

人類が地球温暖化を引きおこす！？

石炭や石油、天然ガスは、燃やすと、二酸化炭素を出します。二酸化炭素は地球のまわりを取りまいて、地球の外ににがすはずの熱を温室のようにとじこめてしまいます。その結果、地球上の気温が高くなることを「地球温暖化」といい、人が石炭や石油などをつかいはじめてから、地球の気温はだんだんと上がりつづけているという人もいます。地球温暖化がすすむと、北極や南極、高い山の上にある氷がとけて海水面が上がったり、海水の温度も上がったりして異常気象や多くの生き物の絶滅を引きおこします。異常気象による洪水や干ばつは、水不足や作物の不作の原因となります。現在、世界各国が協力して、地球温暖化をふせごうとしています。そのためにも、太陽のエネルギーだけでくらす生き物たちに学ぶ必要があるのです。

自然はすごい！
生き物たちの　テクノロジーに学ぼう！

🌱 地球を生きのびる生き物たち

現在、地球上には、まだ発見されていないものもふくめると、3000万種ともいわれる生き物がくらしています。それらは、約38億年といわれる長い生命の歴史を生きぬいてきた生き物の子孫たちです。その体には、まだ知られていないすぐれた知恵やしくみのテクノロジーが、おどろくほどたくさんかくれていることでしょう。

🌱 生き物のしくみを学ぶと？

シロアリの巣の中のしくみを学んで、電力をつかわず、エアコンがいらない建物をつくることができるようになりました。また、じょうぶな糸をつくるクモの遺伝子をカイコの体に入れれば、一度にたくさんのじょうぶな糸をつくることができるようになります。暗い夜に飛びまわるコウモリに学んで、目の不自由な人が道路を安全に歩けるようにする機械が考えられています。イルカの出す超音波は、これまで以上に正確でくわしい「魚群探知機」に利用されています。

このように生き物たちの体のしくみに学ぶことで、これまでになかった新たな技術やエネルギーのいらない技術が開発されつつあるのです。

人類の持続可能な未来のテクノロジー

石油や石炭、天然ガスの大量消費、自然環境の破壊、地球温暖化などにより、地球はこれまでになく危険な状態にあると考えられています。

それでも、わたしたち人類は、これからもこの地球にすみつづけようとするならば、地球にとって負担の少ない「持続可能な循環型社会」を実現しなければなりません。それには、わずかなエネルギーで命をつないできた生き物たちのすぐれた知恵と能力、それらのしくみを学んで、地球の資源をむだなくつかうくらし方を身につけることが大切です。それも、けっして無理をせず、毎日のくらしを楽しみながら……。さあ、自然の中の生き物たちのすごいテクノロジーをさがしにいきましょう。

ポンプをつかわず水を運ぶ

©John S Chao,NPS

セコイアメスギの森 アメリカのカリフォルニア州北部の海岸近くにある。セコイアメスギは世界一背の高くなる生き物として知られている。

ジャイアントセコイアの「ジェネラルシャーマン（シャーマン将軍）」 世界最大（体積）の木として認められた木で、高さ83.9m、最大直径11.1m、幹の体積1486.6m³もある。この体積は、体重70kgの人、約2万人分にあたる。

高い木でもゆきわたる水

アメリカのカリフォルニア州北部には、セコイアメスギ（レッドウッド）や、セコイアオスギ（ジャイアントセコイア）という大きな木が生えた森があります。2006年には、セコイアメスギの中から高さ115.6mにもなるものが見つかり、世界でもっとも高い木として、認められました。こうした高さ100mをこえる高い木でも、ポンプなどをつかわずに、地面から水をすい上げて木の先端の枝や葉まで運んでいます。

こんなに大きな木なのに先っぽにも水がとどいてるの!?

チョウのすい上げる口

チョウは、花のみつや樹液、くだもののしるなどを、ストローのような細長い口ですって、養分にしています。その口の長さや太さは、すうみつの種類によってちがいます。人は、ストローで飲み物をすうときに、筋肉をつかってほおをすぼめます。しかし、チョウの場合には、みつをすい上げるのに十分な筋肉をもっていないといわれています。

樹液をすうオオムラサキ

ポンプをつかわず水を運ぶ

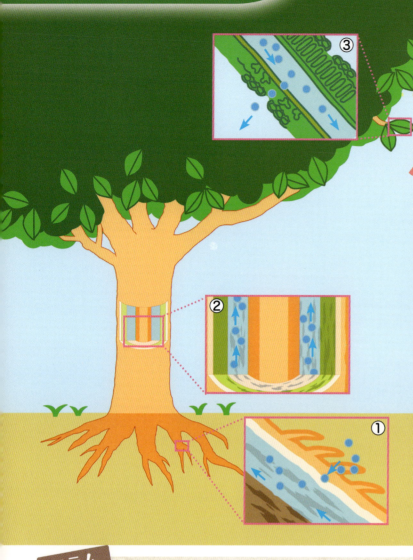

木が水をすい上げるしくみ

木は、根から水と土の中の養分をすい（①）、太陽の光をあびて葉で光合成をおこなって、成長するのに必要な栄養をつくりだしています。水には、水どうしが引きあって細い管やすき間をつたっていく性質があります。これを「毛細管現象（毛管現象）」といいます。木などの植物では、道管という水や養分の通り道が、根から幹を通って、葉までつながっています。道管の中の水は、引きあってひとつながりになっています（②）。また、植物の葉のうらには、小さな穴（気孔）があって、そこから水が蒸発して、水を引っぱり上げる力がはたらきます（③）。これら①〜③のはたらきで、どんな高い木でも先端まで水が運ばれるのです。

コラム
あしをストローにするフナムシ

海の岩場などにすむフナムシは、エビやカニなどのなかまです。水の中に何時間もいることはできませんが、かんそうにも弱く、しばしば水をのむ必要があります。フナムシは、水を口ではなく、おしりから体にとり入れます。そのため、左右7本ずつあるあしのうち、後ろ2本の表面にはみぞがあり、あしとあしをくっつけると、あしの先から根元まで水の通り道ができて、ひとりでに水がおしりまで運ばれるようになっています。これら2本のあしの表面のみぞにある細くとがった毛のすき間を、水が毛細管現象でつたって根元まで運ばれるのです。

フナムシは6本目と7本目のあしをくっつけるだけで、あしの先から付け根まで水をすい上げられる。

🔍 チョウの口のひみつ

チョウの細長い口は、ふだんは丸めてたたまれています。1本の管のように見えますが、じつは、2つの管が半分ずつ向かいあわさって、1本の管をつくっているのです。その細長い口の内がわには、小さなみぞがたくさんあります。このみぞがあるので、みつどうしに引きあう力がはたらき、強くすい上げなくても、みつが自然に上がってくるのではないかと考えられています。

花のみつをすう
アオスジアゲハ

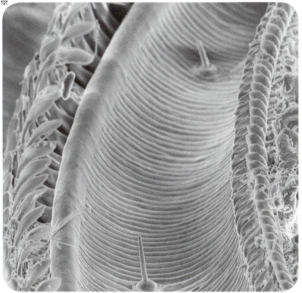

2つに分かれたアオスジアゲハの口（左）と口の内がわ（右）の顕微鏡写真　内がわにはいくつもの小さなみぞがある。

※ 画像提供：阿達直樹

テクノロジー 木やチョウに学ぶテクノロジー

人は、ポンプなどの機械をつかわないと、ビルの上など高いところまで水をもち上げられません。しかし、木やチョウが水をもち上げるしくみに学べば、ポンプをつかわずに、高いところに水を運ぶことができるようになるかもしれません。そうすれば、電気などのエネルギーをつかわない水道のしくみができるでしょう。

気もちよくすごす

オーストラリアのシロアリ塚

> コラム

湿度を感じる松かさ

　松かさ（松ぼっくり）は、マツの実のようなもので、かさとかさの間には、はねのついた種が入っています。それぞれのかさは、かたい糸のようなせんいでできていて、かさの内がわと外がわでは、せんいのならぶ向きがちがいます。そのため、かさの外がわがかんそうしてちぢむと、そり返るようにすき間を開き、しめってくるとかさをとじます。

　このように、松かさは晴れた日にはかさを開いて、はねのついた種を飛びちらせますが、雨の日には、かさをとじて種をまもります。こうした松かさのしくみから学んで、あせをかくとすき間が開いて風を通し、あせがかわくとすき間をとじて、体温を一定にたもつ服の生地がつくられました。

かさ
しめっていると……
内がわ 外がわ
とじる。
種
かんそうすると……
ちぢむ
外がわに開く。

大きな土の塔の中で快適に！？

　アフリカやオーストラリアの草原などでは、5mをこすような大きな土の塔が見られます。これは、シロアリが土や自分のだ液、ふんなどをかためてつくった、アリ塚というシロアリの巣です。アリ塚があるところでは、昼間は気温が50℃をこえ、夜になると0℃以下になることもあります。ところが、アリ塚の中はいつも約30℃にたもたれ、湿度もほぼ変わらず、たくさんのシロアリがいても酸素が足りなくなることもありません。

エアコンもないのにどうして温度がたもたれるのかな？

シロアリ　アリという名前だが、ゴキブリに近い昆虫で、中央の大きなアリが女王アリ。ほかに卵や幼虫のせわをしたり、巣をまもったりする働きアリなどがいる。1つの巣で数十万～数百万びきになることもある。

気もちよくすごす

🔍 シロアリの巣のしくみ

　シロアリの大きな巣（アリ塚）は、地下に水が流れるしめった土があるところにつくられます。巣の中には、地下から地上まで、たくさんのトンネルがはりめぐらされています。このトンネルの上部からは、巣の中のあたたかい空気が外に出て、地下のトンネルからは、地下でひやされた空気が巣の中に入ってきます。地下では水が蒸発するときに、まわりの熱をうばい、土がひやされ、湿度を上げます。また、巣のかべは、小さな土のつぶでできていて、小さな穴がたくさんあいています。この小さな穴から空気が出入りして、中の湿度を一定にします。さらに、土のつぶでできたかべにあるすき間は、熱をつたわりにくくして、巣の中の温度が一定にたもたれるようになっています。

昼間の巣の中の空気の動き
あたたかい空気は、トンネルをのぼって外へ出され（赤矢印）、下のほうからひやされた空気が入ってくる（青矢印）。

アリ塚の内部　たくさんの通路があり、女王アリがいる王室、卵のせわや、幼虫を育てる部屋、食べ物をためておく部屋などがある。キノコシロアリのなかまの巣には、えさとなるキノコを育てる菌室（菌園）という部屋もある。

卵や幼虫のせわをする部屋

菌室
王室

16

テクノロジー
シロアリの巣に学ぶ

シロアリの巣に学んで、電気をつかうエアコンを利用しなくても、温度や湿度がちょうどよく、気もちよくすごせる家をつくることができるかもしれません。現在、シロアリの巣のかべに学んで、かべやゆかにはって部屋の湿度を自動で調節してくれるタイルがつくられています。また、アリ塚のしくみに学んだ建物もつくられていて、昼間は、外からの熱をかべにため、建物内のあつくなった空気は上から外ににがします。夜間は、ファンをつかって、外のつめたい空気を建物の中にとり入れ、建物内をひやします。それにより、エアコンにかかる電気代が、ほかの同じような大きさの建物の10分の1ですむそうです。

湿度をたもつタイル 100万分の1mm（1nm）ほどの小さな穴があいていて、部屋の湿度を一定にたもつことができる。空気中をただようにおいやよごれなどを取りのぞくはたらきもある。

シロアリの巣のしくみをまねた建物 アフリカ南部の国ジンバブエの首都ハラレにあるショッピングセンター。

©2016 amanderson2 "Cool building Harare Zimbabwe" (CC-BY)

コラム

しまもようで風を生む!?

アフリカの草原にすむシマウマの体には、白と黒のしまもようがあります。これまで、シマウマのしまもようには、敵の目をくらませたり、なかまを見分けたりするはたらきがあるなどと考えられてきました。そのほかにも、シマウマのしまの黒い部分が熱を吸収しやすく、白い部分は熱を吸収しにくいため、黒と白の間に空気の温度差ができて風が生まれ、体の表面をすずしくするという考えがあります（右図上）。そのしくみを道路に生かせば、電気をつかわずに風が生まれて、暑い日でもすごしやすくなるかもしれません（右図下）。

17

寒い冬をこす

冬眠するヒグマ 岩穴や木のうろ、木の下にほった穴などで冬眠する。ヒグマのほかに、アメリカクロクマ、ツキノワグマ（アジアクロクマ）や、めすのホッキョクグマも冬眠し、その間に子どもをうむこともある。

冬をねむってすごす

カエルやイモリなどの両生類、ヘビやトカゲ、カメなどのは虫類は、まわりの気温に合わせて体温が変わるので、寒くなると動きがにぶくなります。そのため、冬には土の中や石の下など、温度があまり下がらないところでじっと動かずに冬眠します。

わたしたちヒトをふくむほ乳類は、ふつうまわりの気温が下がっても、体温を変えずに動きまわることができます。しかし、ほ乳類の中でも、リスやコウモリ、クマなどのように、えさとなる食べ物が少なくなる冬の間、じっと動かず冬眠するものがいます。

ヒトは、数週間から数か月もの間、動かずにいると、筋肉や骨が弱くなって、動けなくなってしまいます。ところが、冬眠する生き物たちは、冬眠からさめるとすぐに動くことができるのです。

トカゲやカメなどは、気温が上がりきらない午前中には、日光をあびて体をあたためてから動きはじめる。また、日光をあびないと、骨が弱くなる病気になることがある。

ヒトも冬眠できるかな？

コウモリの冬眠 虫を食べるコウモリの多くは、洞くつなどにあつまって冬眠する。ふつう1ぴきで冬眠する種類のコウモリも、寒いところでは、群れをつくり、1ぴきあたりの空気にふれる面積を小さくする。

© Tim Krynak,USFWS

シマリスの冬眠 シベリアシマリスの場合は、冬眠すると体温は5℃、心臓の動きは1分間に10回以下、息も1分間に1〜5回と、死んだ状態に近くなる。

コラム

こおる！？ こおらない！？

植物や動物の体には、たくさんの水分がふくまれています。そのため、まわりの温度が0℃になって体をつくる細胞がこおると、細胞がこわれたり、正しくはたらかなくなったりします。

ところが、北極海や南極海、深海など水温が低いところにくらすタラやカレイ、カジカ、コオリウオなどの魚は、血に不凍タンパク質というこおりにくい成分がまざっていて、海水の温度が約−2℃でも血がこおりません。また、魚だけではなく、細菌やキノコ、植物などからも、いろいろな種類の不凍タンパク質が見つかっています。こうしたタンパク質を冷凍食品や寒いところでも書けるインクづくりなどに生かす研究がおこなわれています。

雪の中のダイコン ダイコンやニンジン、ジャガイモなどの冬の野菜やタンポポ、ブナなどのさまざまな植物からも、不凍タンパク質が見つかっている。

© NOAA

ジャノメコオリウオ 南極海にすむ透明な血をもつ魚。

19

寒い冬をこす

小さな動物が冬をこす知恵

　クマをのぞいて、冬眠するほ乳類の特ちょうは、体が小さく、体重が軽いことです。小さいほ乳類は、体重が軽いわりに体の表面の面積が大きいため、体の熱がにげやすくなっています。体温を一定にたもつには、食べ物をたくさん食べてエネルギーをつくらなければなりません。そのため、食べ物の少ない冬には体温を数度下げて、ほとんど動かずに、つかうエネルギーを少なくします。

　ふつう体温が下がると、脳の命令で、体がかってにふるえて筋肉を動かし、体温を上げようとします。ところが、冬眠中には、体温が低くても脳が命令を出さないように変化するのです。ただし、冬眠中もときどき体温を上げて目をさまし、体にたまったふんやおしっこを出します。小さなほ乳類は、冬眠するときに脳や心臓など内臓のはたらきまでも変化させるのです。

ヤマネは冬眠の前に、えさをたくさん食べて栄養分を体に脂肪としてためる。一方で、シマリスは秋などに木の実をたくさんあつめて巣にたくわえておき、冬眠中にときどきおきて食べる。

© Mark Wipfli, Alaska Cooperative Fish and Wildlife Research Unit.

大きなクマの冬眠

　大きなクマの冬眠のしかたは、ほかの小さなほ乳類の冬眠とはまったくちがいます。冬眠中のクマの体温は、下がるといっても、31～35℃ぐらいまでしか下がりません。また、冬眠のとちゅうで目ざめて、食べたり水をのんだりすることもなければ、ふんやおしっこもしません。冬眠の前に、魚や昆虫、はちみつや木の実などをたくさん食べて、脂肪を体にため、冬眠中にその脂肪をもやして、体に必要なエネルギーと水をつくるのです。

　また、わたしたちヒトは何も食べないと、筋肉からタンパク質がとりだされて筋肉が弱くなりますが、クマは冬眠中にためたおしっこから筋肉のもとになるタンパク質やアミノ酸をつくりだすため、筋肉が弱くなりません。そして、冬眠中も骨からカルシウムがとけて出る速さと、骨のできる速さがほぼ同じで、骨が弱くなることもありません。

冬眠の準備をするヒグマ　秋に川をさかのぼるサケなどをつかまえて体内に脂肪をたくわえる。

テクノロジー
冬眠のしくみに学ぶ

　ヒトは、病気やけがで動けなかったり、宇宙などの重力の小さい場所で、長い間筋肉や骨をつかわなかったりすると、筋肉が弱くなったり、骨からカルシウムが出ていって骨がもろくなったりします。もし、冬眠中のクマのように動かなくても筋肉や骨が弱くならないしくみがわかれば、ねたきりの人や、宇宙で長い時間をすごす宇宙飛行士に役立つかもしれません。

　また、冬眠する小さなほ乳類が、冬眠しない小さなほ乳類よりも、長生きすることがわかっています。体温を下げたまま冬眠するしくみがわかれば、食べ物やエネルギーを少なくしたり、体が若いまま長生きしたりできるようになるかもしれません。

画像提供：札幌市円山動物園

コラム
体をあたたかくたもつしくみ

　生き物たちは、冬の間に体がこおったり、動きがにぶくなったりしないように、体をあたためたり、体の熱をにがさないしくみをもっています。寒いところにすむホッキョクグマの毛は、白く見えますが、透明で、はだの色は黒く、太陽の光を体に吸収しやすくなっています。また、透明な毛は、ストローのように中心に穴があいていて、中には空気が入っています。そのため、熱がつたわりにくく、体の熱をたもちやすくなっています。

ホッキョクグマの毛

ホッキョクグマの親子　© Mike Lockhart, USGS.

タンチョウ　北海道の湿地などにくらす鳥。

　寒いところでくらす鳥や、海や川、湖などでくらす水鳥の場合には、あしから体の熱をにがさないしくみをもっています。それらの鳥のあしの付け根では、心臓から送りだされた血が流れる動脈のまわりを、あしから心臓にもどる血が流れる静脈がとりかこんでいます。そのため、あしへ流れこむ動脈のあたたかい血は静脈にひやされますが、心臓へもどる静脈のひえた血は動脈にあたためられるので（左円内）、体をひやすことがありません。

発見！生き物の知恵

きびしい環境を生きぬく!?

ほとんどの生き物は、体重の60％以上が水分で、その半分がなくなると死んでしまいます。ところが、ネムリユスリカやクマムシなどの生き物は、水も空気もほとんどなく、温度も－270℃という宇宙空間のような場所でも、死なないことがわかりました。

※ 画像提供：農研機構

ネムリユスリカ アフリカのナイジェリアなど、かんそうしたところにすむ昆虫で、ユスリカのなかま。幼虫は岩のくぼみにできた水たまりなどで生まれて育つ。

ナイジェリアの岩場 ネムリユスリカのすむナイジェリアでは、雨がふる雨季と雨がふらない乾季の2つの季節がある。乾季のときには何か月も雨がふらずに暑くなり、水分はすぐに蒸発してかわいてしまう。

かんそう	高温	低圧	化学物質
かんそうしたままで17年間	103℃で1分間	真空で2年半	100％のエタノールに168時間

放射線	低温	高圧
7000Gyの放射線（ヒトは4Gyで60日間に半分が死ぬ）	－270℃で5分 －190℃で77時間（3日と5時間）	1.2GPa（1cm²の広さに12t以上の力）

クリプトビオシスのときは、かんそうだけでなく、高温、低温、高圧、低圧、放射線などのきびしい環境にさらしても、水をあたえるともとにもどる。

ネムリユスリカの一生 成虫は水たまりに卵をうみ、幼虫は水たまりの中で育つ。幼虫のときに乾季がくると、どろの中に巣をつくり、そこでゆっくりとかんそうしてクリプトビオシスという状態になる。雨がふると、またもとにもどる。

クリプトビオシス（乾眠） 体の中の水分が3％ほどしかなく、息もせず、体がはたらかない幼虫の状態を「クリプトビオシス」という。このとき、体の細胞には、トレハロースという糖分の一種がたまることがわかっている。幼虫のときなら、水分をあたえると、クリプトビオシスともとの幼虫の状態をくりかえすことができる。

※画像提供：堀川大樹・行弘文子

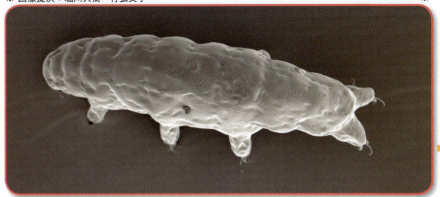

ヨコヅナクマムシ 北海道のコケの中から見つかったクマムシ。クマムシのなかまは大きさ約1mm以下の小さな動物で、左右4対8本のあしをもち、陸上のコケや土の中、川や池、海などさまざまなところにくらす。昆虫やエビ、カニなどに近いなかまで、ゆっくり歩くことから「緩歩動物」とよばれる。

→ かんそうする

画像提供：堀川大樹・田中大介

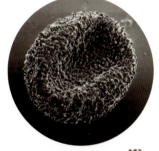

かんそうしたクマムシの卵
卵のときにも、かんそうすると乾眠状態となり、水をあたえられればもとにもどる。

← 水分をあたえる

乾眠状態のクマムシ 陸にすむクマムシには、かんそうすると、前後にちぢまってたるのようなかたちをした、クリプトビオシス（乾眠）という状態になるものがいる。この状態のとき、体の水分は数％ほどになり、体のはたらきは見られなくなる。しかし、また水をあたえれば、もとにもどって動きはじめる。

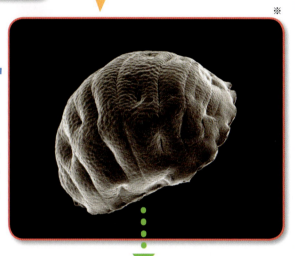

クマムシも、かんそうしたクリプトビオシスのときに、高温、低温、高圧、放射線などにたえて、水をあたえられればもとにもどる。

高温	低温	高圧	低圧	放射線
100℃	-273℃（これ以上下がらない温度）	7.5GPa（ギガパスカル）（1cm²の広さに76t以上の力）	真空	5000Gy（グレイ）の放射線（ヒトが死ぬ強さの約1000倍）

コラム

死なない生き物になれる!?

ネムリユスリカやクマムシは、クリプトビオシス（乾眠）という、体のはたらきを完全にとめた状態になることで、さまざまなきびしい環境でも死なない能力をもっています。そうした能力をわたしたちがもつことができれば、病気の人に移植する臓器の保存に生かせるだけではなく、不老不死（年よりになることも死ぬこともない）になれるかもしれません。また、現在の地球の環境よりもきびしい環境でも生きぬくしくみを調べると、地球や生命の進化の歴史がわかるかもしれません。

干物やにぼしのようにかんそうした魚も、水に入れるともとにもどるようになるかもしれない。

自分をまもる

カブトムシの幼虫 カブトムシのめすは、落ち葉の下や、かれてくさった木、落ち葉などがくさってできた土の中などに卵をうむ。幼虫は、まわりにあるくさった植物などを食べて育つ。

せっけんで手をあらったりしないよね？

よごれない生き物!?

　細菌やカビ、ウイルスなどの微生物が体の中に入ったり、皮ふについたりすると、ヒトはかぜやおなかの病気になったり、きずがうんだりします。それらの微生物は、土や池、川、ごみ、生き物のふんや死がいなどさまざまなところにいます。
　ところが、カブトムシの幼虫やハエ、ハエの幼虫（ウジ）などは、微生物がたくさんいるよごれたところにすみ、くさったものなどをえさにしています。それでも病気になることはありません。
　そうした生き物たちは、昆虫がもつかたい殻や皮ふ、体の中に入ってきたわるいものを取りのぞく細胞をふくんだ体液をもち、入ってきた細菌などをころすしくみをもっています。

ハエの食事 ハエの口は、ブラシのようになっていて、食べ物やそれらがくさったときに出るしるや、ふんなどから出るしるをなめている。

植物も自分の身をまもる

　動きまわる動物だけが、自分の身をまもることができるわけではありません。動かない植物も、たくさんの太陽の光をあびられるように、ほかの種類の植物を近づけないようにしたり、動物や虫などに食べられないようにしたりする、さまざまなしくみをもっています。たとえば、さわるといたい葉や茎のとげや、食べるとおなかをこわしたり、死んだりするような毒も、植物が動物などに食べられにくくするしくみの1つです。

　そうした、人にもわかりやすいしくみだけではなく、においなどの目に見えないしくみや成分で、植物は自分たちの身をまもっていることがわかっています。

キャベツ ダイコンやカブ、ハクサイなどと同じアブラナ科の植物。もともとヨーロッパで生まれた植物だが、日本では明治時代から栽培がはじまった。

セイタカアワダチソウ もともと北アメリカに生えていたキクのなかまで、日本にもちこまれた。高さ1〜2mにもなる。秋から冬に黄色い花をさかせ、栄養の少ない土でもよく育つ。

自分をまもる

細菌をころすしくみ

わたしたちヒトの体をふくめ、動物や植物など生き物の体は、おもにタンパク質という成分からできています。カブトムシやハエなどは、体をつくるタンパク質の中に細菌をころす抗菌タンパク質という成分をもっています。体に細菌などが入ってくると、抗菌タンパク質がつくられて、それが細菌の細胞膜に穴をあけ、細菌をころします。

抗菌タンパク質は、はじめセクロピアサンというガのなかまや、ショウジョウバエから見つかりました。しかし、今ではハチの毒や、昆虫だけではなく、カエルの皮ふなどからも見つかっています。

©2017 Katja Schulz "Drosophila"(CC-BY)
ショウジョウバエ 2〜4mmほどの小さなハエ。家の中やごみすて場、森や山などさまざまなところにいる。

©NPS
セクロピアサン 北アメリカにいるガのなかま。はねを広げると13〜15cmにもなり、サクラなどの木の葉を食べる。

©2012 Brian Gratwicke "Xenopus laevis"(CC-BY)
アフリカツメガエル アフリカ南部にすむカエル。水の中でくらし、めったに陸に上がらない。小魚や水草を食べる。

生き物のタンパク質が薬に

現在では、細菌だけではなく、カビやウイルスをころす抗カビタンパク質や抗ウイルスタンパク質が見つかっています。現在、それらがどんな細菌やカビなどをころすのかが研究されています。やがて、生き物のタンパク質をもとにした殺菌薬や防腐剤、防カビ剤などが生まれるかもしれません。また、抗菌タンパク質を植物がつくりだせるようになれば、病気に強いイネや野菜の品種をつくりだせるかもしれません。

助けをよぶキャベツ

モンシロチョウやコナガというガの幼虫など、緑色で毛の少ない幼虫をアオムシといいます。アオムシは、キャベツやハクサイなどの葉をこのんで食べます。そこでキャベツは、アオムシに葉を食べられると、アオムシの天敵の寄生バチをよびよせるにおいを出します。よびよせられた寄生バチは、アオムシの体の中に卵をうみつけ、寄生バチの幼虫がアオムシを中から食べてしまいます。つまり、キャベツは、自分がきずつくとにおいを出して、寄生バチに助けてもらうのです。

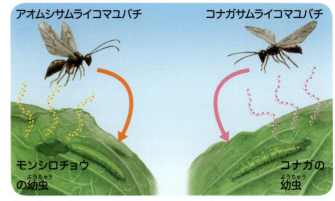

葉を食べる虫によってにおいをつかい分けるキャベツ コナガの幼虫（右）に葉を食べられたときと、モンシロチョウの幼虫（左）に葉を食べられたときでは、ちがうにおいを出し、それぞれの天敵の寄生バチをよびよせる。

アレロパシー セイタカアワダチソウのようにほかの植物の成長をじゃまする（左上）だけではなく、バラとユリのように近くに植えると、おたがいが早く成長するはたらきをするものもある（右上）。

テクノロジー
植物が自分をまもるしくみに学ぶ

秋の野原で、セイタカアワダチソウだけがさいているのを見ることがあります。これは、根から化学物質を出して、ほかの植物が育つのをじゃまするからです。植物が化学物質を出して、ほかの生き物にはたらきかけることを「アレロパシー（他感作用）」といいます。このしくみがわかれば、畑に雑草が生えなくする農薬ができるかもしれません。また、キャベツがアオムシの天敵をよぶしくみからは、畑の害虫を取りのぞく農薬ができるかもしれません。こうした農薬なら、土や水などをよごす心配がありません。

コラム
ハエの幼虫がきずをなおす!!

ヒロズキンバエというハエの幼虫は、きずをなおすのにつかわれます。これを「マゴットセラピー（ハエの幼虫をつかった治療）」といいます。この方法は、まず病院で細菌などがつかないように育てた幼虫をきず口において、ガーゼでおおいます。すると、幼虫はきず口の健康な部分は食べずに、くさった部分だけを食べます。幼虫は抗菌タンパク質を出して、病気のもとになったり、きずをうませたりする細菌をころすため、きずを早くきれいになおすことができるのです。

きれいにあらったきず口に幼虫をのせてガーゼでおおうと、幼虫はわるいところだけを食べてくれる。

※ ©2013 M van Ree "Phaenicia sericata"(CC-BY-SA)

自分をなおす

自然にきずがなおる生き物

わたしたちヒトは、すりきずなどのけがをすると、きず口から血が出てきます。しかし、時間がたつと血がとまり、やがてきずにかさぶたができて、大きなけがでなければ、そのうちきずはなくなります。植物は、ヒトのようにいたみを感じることはありませんが、きずができると、そこに新しい細胞ができて、きずをなおします。植物では、きずがなおったところには、こぶのようなものができます。このように、動物や植物など生き物の体には、自分がきずついたときに、自然になおるしくみがそなわっているのです。

このもようはメロンのかさぶたなの!?

メロンのあみ目もよう マスクメロンや夕張メロンなどの皮の表面にある白いすじのあみ目もようは、実が大きくなるときに皮にできたきずのあと。

コラム

植物のきずを虫がなおす!?

モンゼンイスアブラムシというアブラムシは、イスノキという木の葉や枝に虫こぶをつくります。虫こぶの中は空になっていて、中にはたくさんのアブラムシが木のしるをすってくらしています。アブラムシにとって、虫こぶは安全な巣なのです。

その虫こぶにきずがつくと、たくさんの幼虫があつまっておしりの先から体液を出してきずにぬりつけます。すると、体液はねばりけをまして、やがてかたまり、1〜2mmの穴なら1時間以内にふさがります。さらに幼虫は、きずのまわりをしげきして、木が自分できずをなおすのを早めます。こうしてモンゼンイスアブラムシは、巣をまもるために、植物のかさぶたができるのを助けるはたらきをします。

モンゼンイスアブラムシの幼虫 おしりの先から白い体液を出してきずをふさごうとしている。

虫こぶの穴にあつまるアブラムシの幼虫 幼虫は体液を出すと、体の大きさが3分の1ほどになってしまう。

29

自分をなおす

ヒトの体がきずをなおすしくみ

ヒトの血液は、液体の血しょうに、赤血球や白血球、血小板といったさまざまな固体が入ってできています。けがをして、血管がきずつくと、血液の中にある血小板は、きずのまわりにあつまり、それをおおいます。つぎに、血小板が血しょうにふくまれるタンパク質を糸のような状態に変えると、そこに赤血球などがからみついてかたまり、きずをふさぎます。きずついてこわれた血管の細胞は、白血球によって取りのぞかれ、きずができた部分には、新たな血管の細胞がふえていき、きずがなおるのです。

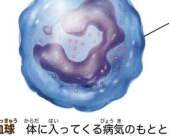

赤血球 体中の細胞に酸素をとどけて、いらなくなった二酸化炭素を肺まで運ぶ。

血小板 きず口にあつまってきて、くっついてかたまる。

白血球 体に入ってくる病気のもととなる細菌や、体の中のいらなくなったものなどを取りのぞく。リンパ球やマクロファージなど何種類かの細胞を合わせて白血球という。

血液がとまるしくみ 血の中の血小板がきず口にあつまり（①）、そこに糸のようになったタンパク質と赤血球がからみあって血がかたまる（②）。このかたまりが体の外でかわいてかさぶたができる。

植物がきずをなおすしくみ

植物の茎や葉、根などを切りとって、水や肥料などをあたえて育てると、切りきずのまわりの細胞がふえて「カルス」という細胞のかたまりができます。このカルスが、植物のきずをふさいでなおすのです。

カルスは、植物が体の中で自分を成長させるためにつくっている「成長ホルモン」のはたらきでできます。成長ホルモンは、ふつう成長の早い茎の先に多いのですが、植物がきずつくと、きずのまわりでふえます。そのはたらきで新しい細胞がふえると、カルスができてきずをふさぐのです。

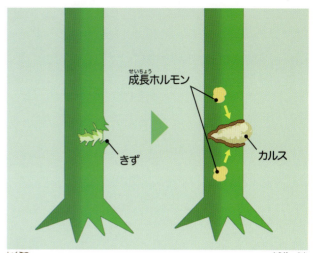

植物のカルスがきずをふさぐしくみ きずのまわりに体の中の成長ホルモンがあつまり、細胞がふえてきずをふさぐ。

テクノロジー
自然にきずがなおるしくみに学ぶ

プラスチックやガラス、金属などでできたものは、時間がたつとやがてきずがついて、もろくなります。そのため、古くなったものをすてたり、新しくつくりなおしたりすることで、多くのエネルギーをむだにしてしまいます。

そこで、ヒトや植物がきずをなおすように、きずができても自然になおるような材料が考えられています。その1つがプラスチックなどに、かたまる前のプラスチックの原料と、それをかためる薬を小さなカプセルに入れておく方法です。そうすれば、やがてきずができても、原料と薬がしみだして、きずをなおしてくれるかもしれません。

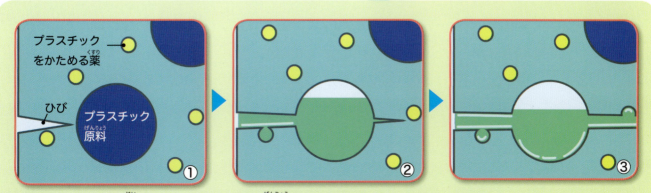

プラスチックにひびが入ると（①）、プラスチック原料のカプセルがやぶれ、ひびをうめて（②）、プラスチックをかためる薬のカプセルとまざって、かたくなる（③）。

発見！生き物の知恵
生き物が鉄やガラスをつくる!?

海の水には、地球内部のさまざまな成分がとけこんでいます。海底でくらす生き物たちは、それらの成分をつかって鉄のようにかたいうろこやガラスのような骨をつくっています。人は、石油や石炭などを燃やすことで生じる熱エネルギーを大量につかって、鉄やガラスをかたちづくりますが、生き物は大量の熱をつかわず、少ないエネルギーで自分の体をつくります。

「鉄のうろこ」をもつ貝　深海にすむウロコフネタマガイは、スケーリーフットともいわれる。硫化鉄という鉄でできた殻とうろこにおおわれたあしをもち、カニやエビなどにおそわれると、殻とうろこで身をまもると考えられている。

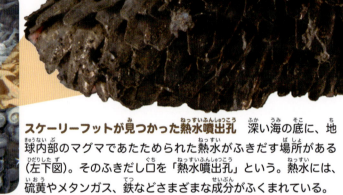

スケーリーフットが見つかった熱水噴出孔　深い海の底に、地球内部のマグマであたためられた熱水がふきだす場所がある（左下図）。そのふきだし口を「熱水噴出孔」という。熱水には、硫黄やメタンガス、鉄などさまざまな成分がふくまれている。

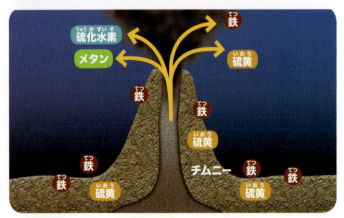

熱水噴出孔のまわり　熱水噴出孔からは、硫化水素やメタン、鉄など、さまざまなものがまざった熱水がふきでている。熱水がひえると、その中にまざっていたものが噴出孔のまわりにたまり、チムニー（えんとつ）といわれるものができる。

硫化鉄のうろこについて　スケーリーフットは、体の中にすむ微生物を利用して硫黄を体の中に取りこみ、体の外がわの皮ふで鉄をとらえて直接つかっていることがわかった。しかし硫化鉄のうろこをどのようにつくっているかは、わかっていない。

海の底にすむカイロウドウケツ

カイロウドウケツは、カイメンという生き物のなかまで、深さ150m以上の海底の岩や砂にくっついてくらす。その体は、つつのようなかたちで、あみ目のようにふくざつな骨組みでできている。骨組みは、細いガラス質のせんいでできていて、ガラスと同じく光をよく通すが、ガラスよりも強くやわらかいため、折れにくくなっている。

©Randolph Femmer, USGS.

カイロウドウケツの骨組み

小さなカイロウドウケツにすむエビ カイロウドウケツは、つつのかたちの体の中に入ってきた小さな海の生き物（プランクトン）を食べるが、つつの中をかくれがにするおすとめすのエビがすみついていることが多い（左円内）。

上2点：©NOAA Okeanos Explorer Program, Gulf of Mexico 2012 Expedition

コラム
安くて質のよい光ファイバーをつくれる？

最近では、人工衛星をもちいたインターネットのほか、光ファイバーというガラスせんいをつかって情報をやりとりするインターネットもさかんです。光ファイバーは、多くの情報を速く送ることができるので、とてもべんりです。しかし、ガラスを材料とした光ファイバーは、つくるのに大きな設備と多くの熱や燃料が必要になります。

カイロウドウケツの骨組みのせんいは、ふつうの水中の温度でつくられています。このしくみをつかえば、やがて少ない熱エネルギーで、しなやかで強い光ファイバーをつくることができるかもしれません。

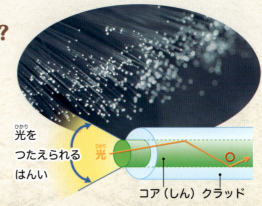

光ファイバー（上）とそのしくみ（下） 光ファイバーは、光を通すコアという部分と、それを取りまくクラッドという部分でできている。コアに入った光は、コアとクラッドのさかい目で反射をくりかえしながら、つたえられる。カイロウドウケツの骨組みのせんいも、光ファイバーと同じく中心と外がわの屈折率（光が曲がって進む割合）がちがうため、光がはね返ることがわかっている。

じょうぶでも割れやすい殻

卵をあたためるめんどり（上）と卵の中で育つひな
めんどりは、卵をうむと自分の体で卵をあたためる。卵をあたためてから21日ほどで、ひなが生まれる。

鳥の卵のつくりとひながかえるまで

　目玉焼きをつくるとき、卵の殻が割れにくいことがあります。これは、卵がほかの鳥のくちばしでつつかれても、割れにくくなっているからです。しかし、卵からひなが生まれるときには、内がわから殻を割って出てくるため、内がわからは割れやすいつくりになっています。

　鳥の卵の殻は、外からの力に強い円形でできていて、その中にはひなの栄養分となる卵黄（黄身）とそれをつつむ水分の多い卵白（白身）などが入っています。また殻は、細菌などの微生物が中に入ってひなが病気になるのをふせぎ、卵黄や卵白をかんそうや急な温度変化からもまもります。卵をあたためつづけると、中でひなが成長し、内がわから殻を割って外へ出てきます。

卵をあたためると、卵黄の中心にある胚（ひなのもと）が成長しはじめる。

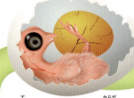
手あしがのびて、体に羽毛が生えてくる。

卵黄に血管が広がって、心臓が動きはじめる。

ひなの頭や目ができて、手あしを動かしはじめる。

生卵はうまく割れないや。

ひびが入る卵（左）と生まれたばかりのニワトリのひな（上） 卵の中のひなは、内がわから殻にひびを入れ、体をひねって殻の割れ目をおし広げながら、卵から出てくる。羽毛はぬれているが、かわくとふわふわしたはねになる。

上2点 ©anyka/123RF

> **コラム**
>
> ## 軽くてじょうぶなにじ色の貝殻
>
> アワビは、海の岩などにはりついて海藻を食べてくらす巻貝の一種です。貝殻の内がわは、にじ色にかがやいてきれいですが、その貝殻はハンマーでたたいても割れないほどじょうぶなことも、特長の1つです。
>
> アワビの貝殻がかがやいて見えるのは、かたい炭酸カルシウムとやわらかいタンパク質のうすい層が交互につみ重なった真珠層ができているからです。そして、貝殻がじょうぶなのも、この真珠層と関係があります。かたい炭酸カルシウムの層にひびが入っても、タンパク質の層がやわらかく受けとめてくれるので、ひびはそれ以上広がりにくくなっているのです。
>
>
>
> **アワビの殻の内がわ**
>
> **殻の真珠層に入ったひび（左）とにじ色に光るしくみ（右）** 殻を強くたたいても、ひび割れが層と層の間でとまったり、層がかみあって外れにくくなるので、こわれにくい。うすくつみ重なった層は光があたると、いろいろな光の色を強めあったり打ち消しあったりして、にじ色にかがやいて見える（→47ページ）。

じょうぶでも割れやすい殻

外がわからはじょうぶで、内がわから割れやすい!?

卵の殻は、外がわのかたい卵殻と内がわのやわらかい卵殻膜からできていて、卵殻と卵殻膜はぴったりと重なりあっています。もしもほかの鳥や動物が卵殻を割ったとしても、やわらかい卵殻膜は変形してやぶれにくいため、外から殻をすっかり割ってしまうのはかんたんではありません。

しかし、卵の殻は内がわからの力には、強くありません。卵の中で育ったひなが、くちばしの先の卵歯というでっぱりで、かたい卵殻に卵殻膜をこすりつけて穴をあけると、かんたんに卵殻を割ることができます。

生まれたてのひよこ（上） くちばしの先にある卵歯とよばれるでっぱり（赤丸）で殻を割って生まれるが（左）、卵歯は生まれて数日でなくなる。

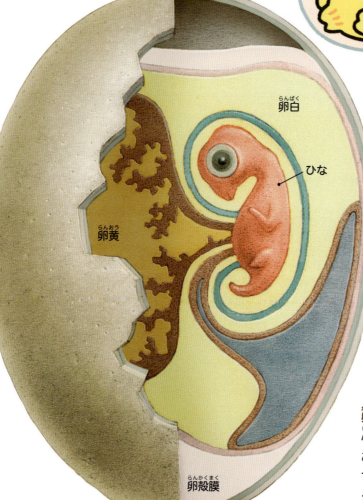

卵の中のひな（左）と卵の殻のつくり（上） 卵の中の中心には、ひなの栄養分となる卵黄と胚（ひなのもと）があり、それらを水分の多いゼリーのような卵白がつつんでいる。卵殻の表面には、細菌が入ってくるのをふせぐクチクラ層があり、そこには気孔（細孔）という穴があり、血管を通して卵の中のひなに酸素を送る。

テクノロジー
卵の殻のしくみに学んだ自動車

最近では、自動車のかたちやフロントガラスにも、安全性を高めるために鳥の卵のかたちや殻のしくみがとり入れられています。前面が卵のかたちをした自動車は、ぶつかったときの衝撃が弱められます。また卵の殻のしくみによくにた「合わせガラス」になっているフロントガラスは、割れても乗っている人がけがをしにくくなっています。

卵形の自動車は安全性だけではなく、かわいらしさという点でも、未来型の乗り物として注目されています。さらに、卵の殻のつくりや材料の研究が進めば、地震や強風に強い建物などにも役立てられると考えられています。

卵の殻に学んだ自動車 事故でぶつかっても、乗っている人が受ける力を小さくするつくりになっている。また、フロントガラスは卵の殻のしくみによくにて割れにくくなっている。

割れてひびが入っても飛びちりにくい自動車用の合わせガラス

卵のしくみとよくにたフロントガラスのしくみ ガラスとガラスの間に、ガラスとくっつきやすいしなやかなプラスチックをはさんである。乗っている人がぶつかるなど、車内から力がかかると割れやすく、外がわから割れてもガラスが飛びちりにくくなっている。

卵形の車や建物がならぶ未来の街の想像図

じょうぶな糸をつくる

ジョロウグモ　巣あみをつくって、あみにかかる虫の体液をすう。

強い糸をつくりだすクモ

クモには、巣あみをはるクモとはらないクモがいますが、クモのなかまはすべて腹部の糸いぼというところから糸を出します。丸い巣あみをつくるときには、骨組みをつくるじょうぶなたて糸と、やわらかくてのびやすく、ねばねばした横糸をつかうなど、目的によって7種類ほどの糸をつかい分けます。なかでも、クモが木などからぶらさがるのにつかう引き糸（牽引糸）は、やわらかくてのびやすいのに、切れにくくなっています。また、クモの糸は、鋼鉄よりも軽く、同じ重さの鋼鉄の約5倍も大きな力にたえることができます。

ジョロウグモの引き糸は、太くても0.005mmほどしかない（図右）。直径4cmのクモ糸があれば、ジェット機をもちあげられるといわれる（図左）。

クモの糸のおもなつかい方 巣あみをつくるだけではなく、投げなわのようにふりまわしてえものをつかまえたり、子グモが移動するときにつかったり、卵をまもったり、つかまえたえものにまきつけたりする。

① ねばるものがついた糸をふりまわす。

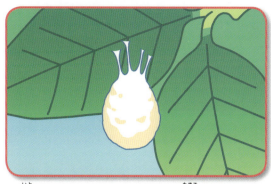
② 糸でふくろのようなものをつくり、卵をうみつける。

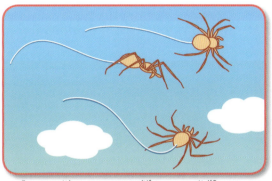
③ 子グモが糸をのばして、風にのって移動する。

④ つかまえたえものをまいて動けなくする。

カイコは小さな糸工場!?

カイコは、カイコガというガの幼虫で、長い時間をかけて人間が飼いやすいように改良したものです。飛ぶことができず、あしの力も弱いなど自然の中では生きていけません。カイコは成長すると、糸をはいてまゆをつくり、その中でさなぎになります。そのまゆの細い糸を機械でよりあわせた糸が絹糸（シルク）で、5000年以上も前から布などにつかわれてきました。その糸はクモの糸より強くはありませんが、太さが約0.02mm、長さ1500m（1.5km）にもなる糸を切らずにつくりだします。

カイコ さなぎになる前のカイコは、クワの木の葉だけを食べて体長約7cmほどになる。

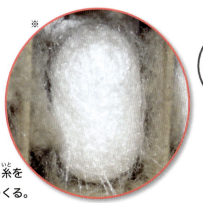
2〜3日間、ひたすら糸をはきつづけてまゆをつくる。

※ 画像提供：群馬県立日本絹の里

小さな体のどこに糸があるのかな？

じょうぶな糸をつくる

🔍 クモの糸がよくのびるしくみ

クモの腹部の中には、糸のもとになる液体をためる部分があります。その液体が細い管から外におしだされるときに受ける力で糸となって出てきます。この糸は、フィブロインというタンパク質でできていて、かたくくっついて結びついた部分と、からまりあってのびやすい部分からできています。なかでも、クモの引き糸は、1本に見えても、細い糸が2本以上よりあわさってできていて、じょうぶでのびやすくなっているのです。

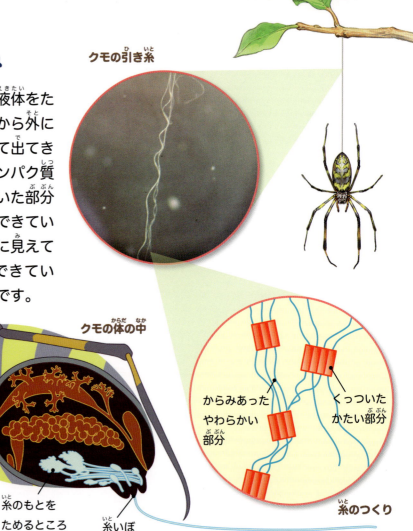

クモの引き糸

クモの体の中
糸のもとをためるところ
糸いぼ

糸のつくり
からみあったやわらかい部分
くっついたかたい部分

🔍 カイコが糸をつくるしくみ

カイコには、食べる口とはべつに、糸をはく口があり、糸の材料をためるところと、管でつながっています。また、糸をはくといっても、カイコは近くのものに糸の先をくっつけて、頭を動かして糸を引きだします。カイコの糸も、クモと同じようにフィブロインというタンパク質からできていますが、クモとちがってまわりをセリシンというタンパク質におおわれています。

カイコの糸　2本のフィブロインをセリシンというタンパク質がつつんでいる。1本のフィブロインは約2000本の細いフィブリルでできていて、フィブリルはさらに細いミクロフィブリルがあつまってできている（円内）。

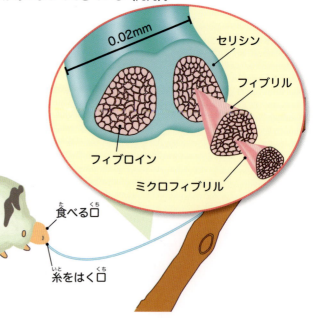

0.02mm
セリシン
フィブリル
フィブロイン
ミクロフィブリル

カイコの体の中
糸のもとをつくるところ
糸のもとをためるところ
食べる口
糸をはく口

40

テクノロジー

クモとカイコに学ぶ糸づくり

石油を材料としたナイロンやアクリルなどの糸（化学せんい）とちがって、カイコやクモの糸は、つくるときに石油や大量の熱をつかいません。また、タンパク質でできているため、ナイロンなどよりも熱に強く、ごみとなっても自然の中で分解されます。しかし、とくにクモの糸はじょうぶですが、クモは昆虫などを食べる肉食の生き物なので、育てて糸をたくさんとるのは大変です。それにくらべて、カイコは長い間に人が飼いやすくした昆虫です。

そこで、クモの糸をつくる遺伝子をカイコの卵に組みこんで、クモの糸をはくカイコがつくられています。ほかにも、微生物にクモ糸のタンパク質をもとにつくった遺伝子を組みこみ、ふやした微生物からタンパク質を取りだし、糸をつくる方法が考えられています。やがて、じょうぶなクモの糸を大量につくることができるようになるかもしれません。

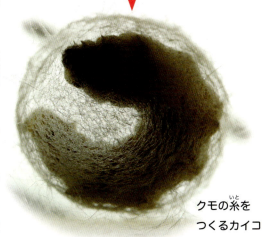

カイコの卵にクモの糸をつくる遺伝子を組みこむ

クモの糸をつくるカイコ

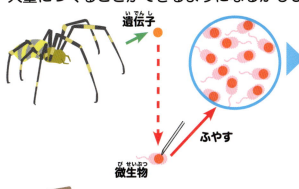

クモの糸の遺伝子をもとにデザインしたタンパク質を、微生物につくらせて粉にしたもの（上）と、その粉をとかしてつくった糸「QMONOS」（右）

※ 画像提供：Spiber 株式会社

コラム

さまざまにつかわれるカイコの糸

カイコのまゆからつくった絹糸（シルク）には、いろいろなはたらきがあります。シルクの服は、紫外線にあたると弱くなりますが、人の体を紫外線からまもります。体の中に入ったシルクには、脂肪をすいつけたり、細菌などがふえるのをおさえたりするはたらきなどがあることもわかっています。なかでも、シルクは、人の体になじみやすいという性質があります。そのため、服だけではなく、薬や化粧品、きずをおおうシート、人の血管の代わりをする人工血管、欠けてしまった歯や骨をなおす土台などにつかうことも研究されています。

シルクの人工血管は、血管の中で血のかたまりができにくく、時間がたつと体の中で分解されて、人の体がつくりなおした血管と入れかわっていく。

発見！生き物の知恵

太陽がなくても生きられる!?

陸上やあさい海には、太陽の光エネルギーを利用して栄養をつくる植物があり、それらを食べる小さな動物やそれらを食べる肉食の動物がいます。しかし、深さ200mをこえる深海には、光はほとんどとどきません。それでも、深海に生き物がまったくいないわけではなく、地下から熱水などがふきだしてくるところには、たくさんの生き物がいます。

©JAMSTEC

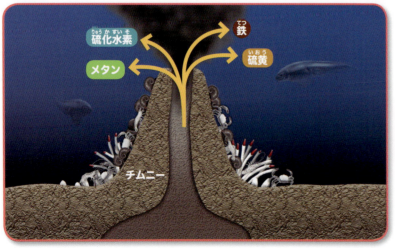

熱水噴出孔とそのまわりの生き物 沖縄の深さ約1000mの海底にある熱水噴出孔。中央に見えるのがチムニー（→32ページ）。チムニーの先端にある熱水のふきだし口のまわりにはゴカイやエビなどたくさんの生き物がすんでいる。

熱水噴出孔のまわりの生き物の食べ物 海底からふきだす熱水やつめたいわき水には、たくさんの硫化水素やメタンがふくまれている。ウロコフネタマガイなど、熱水噴出孔のまわりにすむ生き物は、体のどこかに、硫黄やメタンなどを酸化させて栄養をつくる細菌がいる。その細菌がつくった栄養をもらったり、細菌を食べたりして生きている。

体にいる細菌から栄養をえる生き物たち

ゴエモンコシオリエビ ヤドカリのなかまで、おなかがわに生えた毛の部分で細菌を飼い、その細菌を食べて栄養とする。

アルビンガイのなかま 殻の表面に毛の生えた巻貝で、えらの細胞に細菌がいて、その細菌から栄養をもらう。食べ物を消化する胃や腸がおとろえていて、食べ物を食べるのかどうかはわかっていない。

ハオリムシ 管のような体のゴカイやミミズのなかま。先端の赤いえらから、海水中にとけた硫化水素や酸素を取りこむ。口や胃などがなく、体の中にすまわせた細菌から栄養をもらう。

シロウリガイ つめたい水のわく海底のどろにうまってくらす二枚貝。体の中に細菌をすまわせ、細菌がつくる栄養をもらう。

コラム

太陽の光にたよらないエネルギーをつくる

太陽の光は水深約200mまでしかとどかず、それより深いところを深海といいます。深海の水温は、2〜4度と低く、生き物はほとんどいません。その中で、たくさんの生き物がいるのが、海底から熱水やつめたい水がわきでる場所です。そこには、地下から出る水にふくまれるメタンや硫化水素などをつかって、炭水化物などの栄養やエネルギーをつくりだす細菌がいます。こうした細菌に学べば、陸上で植物がおこなう光合成と同じように、太陽の光なしでもたくさんのエネルギーをむだなく生みだすことができるかもしれません。

熱水噴出孔のような場所は、約40億年前の地球の海底にもあったと考えられている。熱水噴出孔にいる生き物を調べると、地球の生き物のはじまりがわかるかもしれない。

色のもとがなくても色を見せる

モルフォチョウ アメリカ大陸にいるチョウのなかま。はねは、かがやくような青い色のものが多い。

色がないのに色が見える!?

わたしたちに見える太陽の光は、赤、だいだい、黄、緑、青、あい、むらさきの7つの色の光がまざってできています。また、わたしたちがものを見るときは、見ているものに光があたってはね返った光を見ています。植物の葉には葉緑素という緑の色素（色のもと）があり、葉緑素が緑の光だけをはね返すため、緑色に見えるのです。同じように、人のかみの毛が黒く見えるのはメラニンという黒い色素が、血が赤く見えるのはヘモグロビンという赤い色素があるからです。
しかし、モルフォチョウやタマムシ、カワセミやクジャクのはねなどは、これとちがうしくみで、あざやかな色にかがやいて見えます。

色が見えるしくみ 人はものがはね返す光を見ている。あるものに、すべての光が吸収されると黒く見え、すべての光がはね返されると白く見える。

色のもとがなくても色を見せる

🔍 小さなかたちがつくりだす色

　モルフォチョウのはねの青くかがやく部分の鱗粉（ウロコのような粉）は、透明なタンパク質からできていて、青い色は色素の色ではありません。それでも、このように青く見えるのは、鱗粉にあたった光のうちで、青い光だけが強められてはね返されているからです。

　モルフォチョウの鱗粉とはかたちがちがいますが、カワセミやクジャクのはねにも、小さくふくざつなかたちがあります。そこにあたった光のうちで、決まった色の光がはね返されるときに強められて、きらきらと光るような色に見えるのです。このような、色素によらない色を「構造色」といいます。

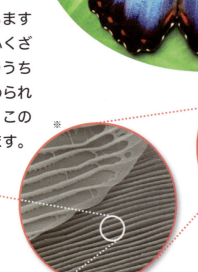

モルフォチョウの
鱗粉の顕微鏡写真

※ 画像提供：阿達直樹

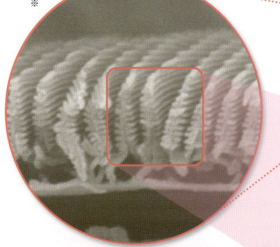

モルフォチョウの鱗粉の拡大
いくつものすじが見える。

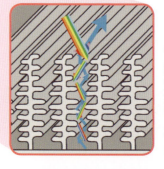

モルフォチョウの鱗粉の断面（上）　鱗粉のすじを横から拡大して見ると、小さなひだがたくさんあり、となりあったすじのひだどうしは、たがいちがいになっている（右図）。

モルフォチョウの鱗粉のしくみ　鱗粉のすじにある細かいひだは、青い光だけをはね返すようになっている。青以外の色はひだとひだの間で打ち消しあい、青い光だけが強められてはねの外に出ていく。

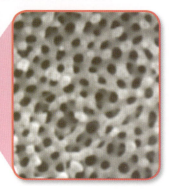

カワセミ（左）とカワセミのはねにある小さな穴（下）

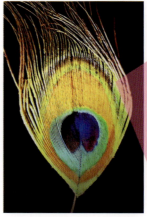

クジャクのかざりばね（左）とかざりばねにある小さなかたち（下）

重なった層がつくる色

構造色には、表面にある小さな穴やかたちにあたった光がはね返って見えるほか、表面のうすい層に光があたってはね返るときに、ある色の光だけが強められて見えるものなどがあります。タマムシの体の表面には、性質のちがううすい層がいくつも重なっていて、そこに光があたると、はね返された光のうち、緑色の光を強めたり、赤やむらさき色の光を強めたりする部分があります。それぞれ、体の場所によって、層のあつみや重なる層の数がちがいます。そのため、色のちがいができると考えられています。

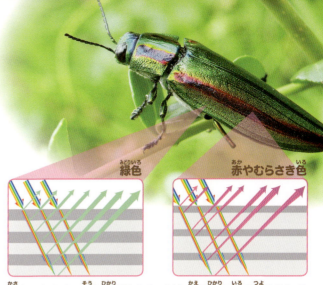

重なったうすい層に光があたり、はね返る光の色が強められる
層の表面やさかい目などで光がはね返るとき、ある決まった色の光だけがはね返されて、光の色が強められて見える。

テクノロジー
生き物がもつ構造色に学ぶ

タマムシのようなしくみで見える構造色は、見る角度や光の強さによって色が変わって見えます。そのため、車や建物と塗料、服の生地などへの活用が考えられています。また、モルフォチョウのはねの色は、見る角度が変わっても色が変わりません。

これらの構造色は、色素でつけられる色とはことなり、紫外線などで色がおちることがなく、糸をそめるときに、大量の水もつかいません。現在、構造色でさまざまな色をつくる研究がおこなわれています。

塗料がなくても色をつけられる　モルフォチョウの鱗粉にあるような小さなかたちで、ひだとひだの間かくを変えれば、色素がなくても7色すべてをつくれると考えられている。

コラム
ほんとうに光る生き物

構造色のように光をはね返して光るのではなく、自分で光を出す生き物がいます。昆虫のホタルや海にすむプランクトンの一種のウミホタル、小さなイカのなかまのホタルイカなどです。ホタルは、おすとめすが交尾の相手を見つけるためにおしりを光らせるといわれています。これらの多くは、体の中でルシフェリンという光る物質が、ルシフェラーゼという物質から酸素をもらうと光ります。このしくみなら熱を出さないので、光とともに熱を出す白熱電球などよりも、エネルギーのむだの少ない明かりができます。

生き物の光るしくみは、うすい紙のような場合でもつかえる。塗料にまぜてゆかやかべを光らせたり、さまざまなかたちの照明をつくったりできると考えられている。

体の色を変えられる

コブシメの体の色の変化 あたたかい地方の海にすむコブシメはイカのなかまで、けんかをしたり、まわりをけいかいしたりするとき（上）と、めすに近づいたりするとき（右）などに、体の色を変える。

すばやく体の色を変える!?

イカやタコのなかまや魚の中には、自分の体の色やもようをすばやく変えるものがいます。それらの生き物は、まわりの色に合わせて体の色を変えて、えものや敵となる生き物に見つかりにくくします。

また、海や川などにすむ声をもたない生き物は、なかまどうしで気持ちをつたえるのにも体の色をつかいます。たとえば、イカはおすどうしがけんかしたり、めすに求愛したりするときに体の色を変えます。ネオンテトラは、えさを見つけたときや危険が近づいたときなどには、体の色を変えて群れのなかまにつたえます。

上2点 画像提供：鳥羽水族館

めすに近づくほうの色は白っぽくし、まわりのおすには黒っぽい色を見せるなど、体の半分ずつで色を変えることもある。

©2010 DaraKero_F"Blue damselfish."(CC-BY)

©2012 Brian Gratwicke "Blue Damselfish (Chrysiptera cyanea)"(CC-BY)

ルリスズメダイの体の色の変化 あたたかい地方のあさい海にすむ魚で、暗い青（左上）から明るい青（右）まで体の色が変わる。また、こうふんしたり、ストレスを感じたりすると、黒い色（左下）になることがある。

ネオンテトラの体の色の変化 もともと南アメリカのアマゾン川にすむ魚。体の側面に光って見えるすじがあり、その色を黄色や青などに変えて、群れのなかまに危険や、えさがあることなどをつたえる。

ちがう種類の生き物じゃなくて色が変わっているんだ!?

49

体の色を変えられる

イカの体色変化

細胞が引っぱられずに色素があまり見えない状態

細胞が引っぱられて色素が広がって見える状態

🔍 イカやタコが体の色を変えるしくみ

　イカやタコのなかまの皮ふには、赤や黄、茶、黒や白などの色素（色のもと）をもつ細胞があります。細胞の中の色素は、やわらかいふくろのようなものにつつまれていて、細胞がまわりから引っぱられると、色素の入ったふくろが広がって色素の色が見えるようになります。このようにイカやタコは、筋肉を動かして色素細胞を引っぱったり、ゆるめたりして、体の色を変えるのです。皮ふには、茶や黄、赤の色素細胞が重なっているため、重なった部分ではそれらの色とはちがう色に見えることもあります。

イカの体には、色素をもつ細胞のほか、中に小さな板のようなものがならんだ構造色（→46ページ）の細胞がある。そのため、体がきらきらと光って見えることがある。

コラム

ぬれると透明に変わる花!?

　サンカヨウは、本州から北海道などの山に生える植物です。カヨウ（荷葉）とはハスの葉ことで、丸い葉のかたちがハスににているため「山のハス」という意味の、サンカヨウという名がつきました。

　サンカヨウは、春から夏のはじめにかけて直径2cmほどの白い花をさかせます。花は、雨にぬれると透明になりますが、そのしくみはよくわかっていません。しくみがわかれば、晴れたときには白い日がさになり、雨がふったときには透明な雨がさになるかさができるかもしれません。

ぬれたサンカヨウの花　ぬれていないときのサンカヨウの花は、7色すべての光を反射して白く見えるが、ぬれると、光を反射も吸収もしないために透明に見えると考えられる。

色素をもたないのに色が変わる!?

ルリスズメダイの青い体には、青い色素はありません。体にあたった光のうち青い光がとくに強くはね返されて見える構造色（→46ページ）です。黒く見えるときだけは、色素の色で、体の表面で光がはね返されなくなることで黒く見えるようになります。また、ネオンテトラの体の側面にあるすじの色も、構造色です。こうした魚の体には、光をはね返す小さくうすい板のようなものがならんだ細胞があって、細胞の中の板のようなもののならび方が変わると、色が変わって見えるのです。

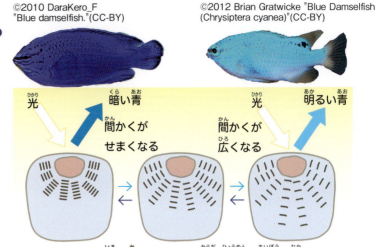

ルリスズメダイの色が変わるしくみ 体の表面の細胞の中に、うすい板のようなものがならんでいる。こうふんして、その板の間かくがせまくなると暗い青に、間かくが広くなると明るい青に見える。

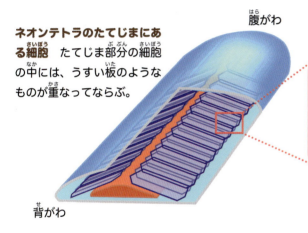

ネオンテトラのたてじまにある細胞 たてじま部分の細胞の中には、うすい板のようなものが重なってならぶ。

ネオンテトラの色が変わるしくみ 細胞の中にあるうすい板のようなものを、ねかせたり（左）、立てたり（右）して、板の角度を変えると、はね返る光の色が変わるため、体の色が変わって見える。

テクノロジー
体の色を変える生き物に学ぶ

イカやタコなどが体の色を変えるしくみに学べば、色素の入った細胞をたくさんならべてつくったかん板や、パソコンやテレビのディスプレイができるかもしれません。また、ネオンテトラなどの魚の細胞をまねすれば、きらきらとしたかん板もできるでしょう。それらの色は、自分で光を出さないので、つかう電気も少なく、長時間見ても目がつかれることはないでしょう。また、生き物の体と同じタンパク質でできていれば、やわらかく、どんなかたちにもなりますし、ごみとして捨てられても自然に分解されて、環境に害をあたえません。

未来の360°見られるテレビ画面

音をつかってえものをとらえる

夕日の中で飛ぶコウモリ ガなどの昆虫が飛ぶ夕ぐれどきになると、コウモリも飛びはじめる。鼻や口から超音波を何度も出してはね返る音を大きな耳で聞きとり、えものの飛ぶ速さや位置を知るしくみになっている。

©panda3800/123RF

コウモリやイルカはそんなにいつも音を出してるの!?

暗やみの中を飛ぶコウモリ

小さなコウモリのなかまは、昼の間は洞くつの天井にぶらさがって休み、夜になると洞くつから出て暗やみの中を飛びまわります。しかし、夜はほとんど光がないため、目でまわりのものが見えるわけではありません。鼻や口からヒトの耳には聞こえない超音波という高い音を出して、まわりのものや空を飛ぶ虫などにあたってはね返るのを聞きながら、ものにぶつかるのをよけたり、えさになる虫をとったりしているのです。また、なかまどうしで超音波をつかって会話もします。

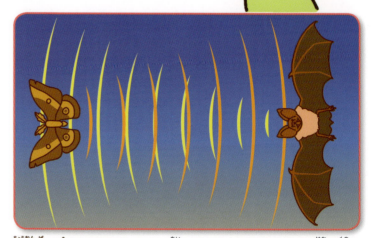

超音波でガをとらえるしくみ 小さなコウモリのなかまは、鼻や口からくりかえし超音波を出し、ガにあたってはね返る音で、ガの飛ぶ速さや正確な位置を知る。

水の中でえものをさがすイルカ

イルカのように海の中で群れをつくってくらす動物も、コウモリと同じように音をつかって、なかまどうしで会話をします。また、海の水は風などでにごりやすいため、目で見る代わりに、超音波をつかって海底やなかまなどにぶつかるのをさけたり、えさとなる魚をとらえたりしています。

超音波で魚をさがしまわるイルカの群れ（上）と魚にくいつくイルカの群れ（下） なかまどうしで会話するときには、「ピーピー」というホイッスル音を何度も出し、えものをさがすときには「カチカチ」とか「キッキッ」という短い音をくりかえす。群れで魚をとりかこみ、するどい歯で魚にかみついて、丸のみする。

コラム

超音波ってなあに？

音は、空気や水などがふるえて波としてつたわるので、音波ともよばれます。ヒトの耳に入った音は、耳のおくのこまくをふるわせ、それをヒトは音として感じます。1秒間の音の波（山と谷）の数を「周波数」といって、1秒間に1回の波を1Hz、4回くりかえす波は4Hzと数えます。ヒトの耳には20～2万Hzの間の音しか聞こえませんが、イルカなら150～15万Hz、コウモリなら1000～12万Hzまでの音が聞こえるとされ、ヒトには聞こえない2万Hzより高い音を「超音波」といいます。

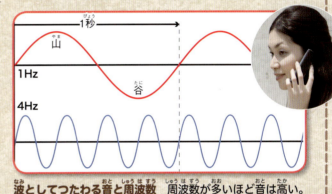

波としてつたわる音と周波数 周波数が多いほど音は高い。

©wildestanimal/Shutterstock.com

音をつかってえものをとらえる

ガを追いかけるキクガシラコウモリ 何度も超音波をガなどにあてて、はね返った超音波でえものの飛ぶ速さと位置をたしかめてすばやく追いかけ、口のきばでえものをかんでつかまえる。

テクノロジー
コウモリの超音波に学ぶ

　目の不自由な人が外に出るときには、白いつえや盲導犬あるいは助けてくれる人が必要となります。そこで、目で見なくてもまわりにあるものがわかるコウモリの超音波をまねて、パームソナーが考えだされました。パームとは、英語で「手のひら」、ソナーは「音波でものをさがす機械」という意味です。パームソナーをつかうと、超音波で前にあるものを知ることができて、安全に歩道を歩くことができるようになりました。

コウモリからにげるガ ガの中には、コウモリの超音波を聞くと、飛ぶのをやめて地面にとまるなどしてコウモリからにげるものもいる。

©Food_asia/Shutterstock.com

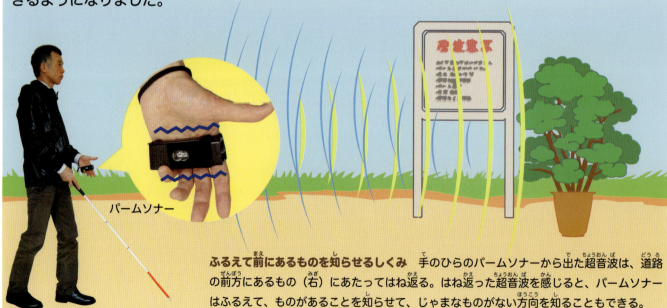

パームソナー

ふるえて前にあるものを知らせるしくみ 手のひらのパームソナーから出た超音波は、道路の前方にあるもの（右）にあたってはね返る。はね返った超音波を感じると、パームソナーはふるえて、ものがあることを知らせて、じゃまなものがない方向を知ることもできる。

🔍 イルカの高性能ソナー

イルカは、鼻の穴にあたる噴気孔の下あたりから、超音波を出し、頭のでっぱったところにあるメロン体という器官にあつめてから、前に向かって発射します。水中では音が空気中の約5倍も速くつたわってはね返ります。そのうえ、イルカはさまざまな超音波を短い時間に何回も出すことができます。そのため、イルカははね返ってくる超音波で、えもののいる位置や数などがかなりはっきりとわかり、魚の種類までわかります。

イルカの超音波のしくみ いろいろな高さの音や、大きさのちがう超音波を魚にあてると、魚の大きさや種類によっても、はね返る超音波がことなり、追う魚のことがくわしくわかる。

イルカが超音波を出したり聞いたりするしくみ 噴気孔の下あたりから出た超音波は、メロン体から前に向かって発射される。えものからはね返ってきた超音波は、下あごの骨の中を通って中耳の奥のこまくにつたえられる。

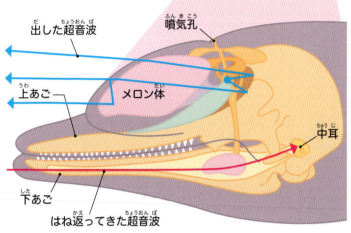

テクノロジー
イルカの超音波に学ぶ魚群探知機

海の中では海水にじゃまされて、遠くまで見通せず、何があるかをかんたんにさぐることはできません。そこで考えられているのが、イルカをまねて船の上から超音波を出して魚の群れをさがすソナー魚群探知機です。これまでつかわれてきた魚群探知機は、魚の群れは発見できても、魚の種類や正確な数まではわかりませんでした。イルカのように、いろいろな周波数の超音波を、短い間かくで出すしくみを生かせれば、魚の種類や数まで調べられるようになるかもしれません。

将来は、小さな子どもの魚はとらずに、大きな魚だけとることができるかもしれないね。

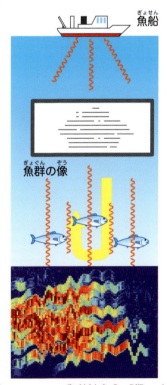
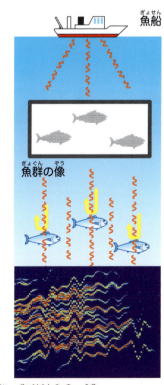

これまでの魚群探知機（左）と将来の魚群探知機（右） これまでの魚群探知機では、海の中の魚の群れのだいたいの場所や、おおよその数しかわからなかった。イルカをまねた魚群探知機なら、魚のかたちや大きさ、種類までもわかると考えられている。

55

においや熱でえものをさがす

ヒトの血をすう
ヒトスジシマカ

ねているときに、カにさされることもあるよね。

ヒトさがしの名人!?

カは、ふだん花のみつや草のしる、樹液などをすっています。血をすうのは、じつはめすのカだけで、それも卵をうむ前だけです。めすのカは、ヒトなどのほ乳類の血をすって、血にふくまれる栄養で体の中の卵を大きく育てたあと、卵をうみます。
　暗いところでも、あせのにおいや体温などからヒトや動物がいるところをさがしあて、血をすいます。

暗やみでもだいじょうぶ！？

ヘビの中でも、ニシキヘビのなかまやガラガラヘビのなかま、マムシやハブのなかまは、夜の暗やみの中でも、ネズミやカエルなどの生き物をつかまえることができます。これらのヘビは、熱を感じる器官をもっていて、まわりの温度とえものの体温との差がわかります。それだけではなく、温度から、えものがいる方向やえものとのきょりまでも、わかるといわれています。

ネズミをつかまえるニシキヘビのなかま

© FLUKY FLUKY/Shutterstock.com

コラム
カに学んだいたくない注射針

わたしたちがカにさされても、いたみを感じることはほとんどありません。これは、カが出すだ液にいたみをへらす効果があるほか、カの口がとても細くて、先がぎざぎざしているためです。先がぎざぎざの針は、皮ふにふれる部分が少なくなるため、いたみを感じにくいといわれています。これまでつかわれていた注射器の針は、太さが0.4～1.2mmもありました。しかし、現在では、太さ約0.08mmというカの細い口をまねて、太さ約0.06～0.4mmの注射針がつかわれています。

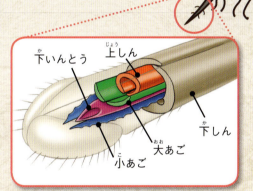

カの口 カは、ぎざぎざのついた小あごを動かして、人が気づかないうちに皮ふに穴をあけ、下いんとうから液を出し、上しんで血をすう。

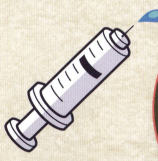

カの口をまねてできた針
いたみを感じにくいように、先をぎざぎざにしてある。

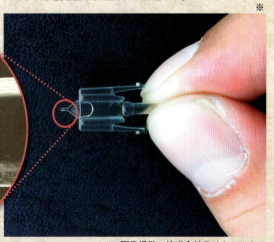

※ 画像提供：株式会社ライトニックス

においや熱でえものをさがす

小さな体にいろいろなセンサー

まわりにある温度やにおい、音や光などを感じとるものを「センサー」といいます。力のセンサーは、触角やひげ、口などにあります。触角やひげで、生き物がはく息にふくまれる二酸化炭素やあせのにおいを感じ、口では生き物の体温を感じることができます。力は、それらをつかってヒトや動物の存在を感じて近づきます。さらに、ヒトには聞こえない、血が血管を流れる音（超音波）を感じとって血管をさがしあてるといわれています。

生き物がもつ熱感知センサー

えものの熱を感じるヘビのセンサーをピット器官といいます。目と鼻の間にある深いくぼみがそれです。ピット器官は、顔の左右にあるため、人が左右の目で見てまわりのものまでのきょりがわかるように、えものまでのきょりなどがわかるといわれます。ヘビが熱を感じるセンサーをもっていることは、ガラガラヘビがマッチの火をおそうことで、昔から知られていました。そのため、熱を感じてそれを目で見えるようにするカメラがすでにつくられています。

ナミチスイコウモリ　力と同じく、動物の血をすうコウモリも、顔に熱を感じる細胞があり、それで温度の差を感じて血管をさがす。

©belizar/123RF

ハブ　赤丸でかこんだくぼみがピット器官。ハブやニホンマムシ、ガラガラヘビのなかまは、0.001〜0.003℃という温度差も感じとることができるといわれている。

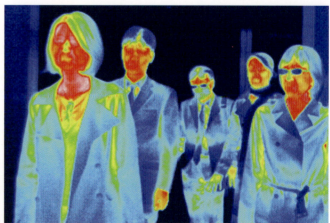

熱を感じるカメラでうつした画像　赤くうつったところが温度が高く、青くうつったところが温度が低い。空港などにおかれて、海外から帰ってきた人で高熱と思われる人が見分けられる。そうして、海外で病気にかかってしまった人を早く見つけられるようにしている。

画像提供：日本アビオニクス株式会社

コラム
火事にかけつける昆虫

北アメリカなどにいるナガヒラタタマムシという昆虫のめすは、燃えてしまった木の中に卵をうみ、幼虫はその木の中で、木を食べて育ちます。そのため、ナガヒラタタマムシのめすは、森林で火事がおこると、50kmもはなれたところから火事のあった場所に飛んでいきます。この昆虫を調べたところ、真ん中のあしの付け根あたりに、熱を感じる器官があることがわかりました。また、触角で燃えた木が出すけむりにふくまれるにおいを感じます。昆虫が熱やけむりを感じるこうしたしくみをまねれば、高性能の火災報知器をつくることができるかもしれません。

ナガヒラタタマムシ

ナガヒラタタマムシは、アカマツが燃えたときのにおいを感じるが、オーストラリアにいるなかまのタマムシは、ユーカリの木が燃えたときのにおいを感じて、木に卵をうみつける。

テクノロジー
生き物がもつセンサーに学ぶ

力が、においでヒトや動物をさがすしくみに学んで、ヒトのあせのにおいを感じるセンサーの研究が進められています。そのようなセンサーをもつロボットができれば、地震などの災害で建物や土砂にうまってしまった人を、暗い夜でも早くさがしだすことができるようになるかもしれません。

発見！生き物の知恵
するどい歯をたもつ

リスやビーバーなどのネズミのなかまには、先のするどい刃のような前歯があります。この前歯で、かたい木の実でもかじってかみ切ることができます。また、海にいるウニは、体のまわりにあるとげが目立ちますが、体の下には岩に穴をあけるほどするどい歯をもっています。これらの生き物の歯は、とがなくてもするどい歯をたもつしくみになっています。

リスの前歯（上）とクルミの実をかじるリス（右） リスはクルミやドングリなどのかたい殻のある木の実でも、かじって中身を食べる。

ビーバー（左）とビーバーがつくるダム（上） ビーバーは、さまざまな太さの木を前歯でかじって切りたおし、それで川をせきとめてダム湖をつくり、その中に巣をつくる。

ビーバーがかじった木

ネズミのなかまの前歯 かたいエナメル質が、外がわだけをおおっている。かたいものをかじったり、前歯をこすりあわせたりすると、やわらかい象牙質がけずれてかたい部分がのこり、歯がするどくとがる。また、ネズミのなかまの前歯は一生のびつづけるため、たびたびかたいものをかじって短くしている。

アメリカムラサキウニ（左）とその歯（下） ウニのなかまは、丸い体の下がわに口があり、5枚の歯をもっている。そのかたい歯で海藻をかじって食べる。また、敵などから自分の体をかくすために、岩をかじって穴をつくることもある。

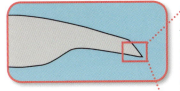
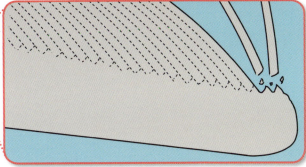

ウニの歯のしくみ ウニの歯には、割れやすくなっているところがあり、そこから割れると歯の先がするどくたもたれる。また、ウニの歯も、ネズミと同じく一生のびつづける。

コラム

いつも切れ味するどい刃をつくる

ものを切るはさみや、食べ物を切る包丁などは、つかっていくうちに刃先がにぶって、切れにくくなります。そうなると、刃をといですどくしたり、ときには古い刃を新しくつけかえたりしないといけません。しかし、ネズミのなかまやウニなどの歯のように、つねにするどい刃にするしくみを、人がつかう道具にも生かせれば、つねに刃をするどくたもつことができて、むだなごみを出さずにすむでしょう。

さくいん

同じ見開きの中で何度も出てくる用語は、最初に出てきたページをのせています。

あ

アオムシ	27
アリ塚	15,16
アレロパシー（他感作用）	27
アワビ	35
イカ	47,48,50
糸	8,15,30,38,40,47
イルカ	8,52,55
ウニ	60
ウミホタル	47
ウロコフネタマガイ	32,42

か

カ	56,58
貝殻	35
カイコ	8,39,40
カイロウドウケツ	33
カエル	18,26,57
火災報知器	59
カブトムシ	24,26
殻	24,32,34,36,43,60
カルス	31
カワセミ	44,46
木	11,12,18,24,29,38,45,59,60
気孔	12,36
きず	24,27,28,30
寄生バチ	27
絹（シルク）	39,41
キャベツ	25,27
魚群探知機	8,55

クジャク

クジャク	44,46
クマ	18,20
クマムシ	22
クモ	8,38,40
クリプトビオシス（乾眠）	22
血液	30
血小板	30
抗菌タンパク質	26
構造色	46,50
コウモリ	8,18,52,54,58
コオリウオ	19

さ

細菌	6,19,24,26,30,34,36,41,42
細胞	19,22,24,28,30,43,50,58
サンカヨウ	50
色素	44,46,50
湿度	15,16
シマウマ	17
周波数	53
食物連鎖	6
ジョロウグモ	38
シロアリ	8,15,16
真珠層	35
スケーリーフット	32
ストロー	11,12,21
セイタカアワダチソウ	25,27
成長ホルモン	31
セコイアオスギ	11
セコイアメスギ	10

赤血球 …………………………………… 30
センサー ………………………………… 58
ソナー …………………………………… 54

た

タコ ………………………………… 48,50
卵 ………………………… 15,16,22,24,27,
　　　　　　　　　　34,36,39,41,56,59
タマムシ ……………………………… 44,47,59
タンパク質 … 19,20,26,30,35,40,46,51
血 ………………… 19,21,28,30,41,44,56,58
地球温暖化 ……………………………… 7,9
注射針 …………………………………… 57
チョウ ……………………………… 11,13,44
超音波 ……………………………… 8,52,54,58
道管 ……………………………………… 12
冬眠 …………………………………… 18,20

な

ナガヒラタタマムシ …………………… 59
におい ……………………… 3,17,25,27,56,58
ネオンテトラ ………………………… 48,51
ネズミ ………………………………… 57,60
熱 ………………… 7,16,20,32,41,47,57,58
熱水噴出孔 …………………………… 32,42
ネムリユスリカ ………………………… 22

は

歯 …………………………………… 41,53,60
刃 ………………………………………… 60
ハエ …………………………………… 24,26
白血球 …………………………………… 30

光ファイバー …………………………… 33
ピット器官 ……………………………… 58
ビーバー ………………………………… 60
フナムシ ………………………………… 12
フロントガラス ………………………… 37
ヘビ ……………………………… 18,57,58
ホタル …………………………………… 47
ホタルイカ ……………………………… 47
ホッキョクグマ ……………………… 18,21
ポンプ ………………………………… 11,13

ま

マゴットセラピー ……………………… 27
松かさ …………………………………… 15
まゆ …………………………………… 39,41
メロン …………………………………… 29
毛細管現象（毛管現象） ……………… 12
モンゼンイスアブラムシ ……………… 29

ら

リス …………………………………… 18,60
鱗粉 ……………………………………… 46
ルリスズメダイ ……………………… 49,51

63

◆参考文献

『トコトンやさしいバイオミメティクスの本』(日刊工業新聞社)/『夢の技術を次々生み出す自然界の超能力!』『科学のお話「超」能力をもつ生き物たち』『自然にまなぶ! ネイチャー・テクノロジー』(以上、学研プラス)/『生物の形や能力を利用する学問バイオミメティクス(国立科学博物館叢書)』(東海大学出版部)/『昆虫未来学「四億年の知恵」に学ぶ』(新潮社)/『バイオミメティクスの世界』(宝島社)/「シロアリ類の巧妙な巣造りの進化」『生物科学』(61巻3号pp.131-140)/「冬眠の不思議にせまろう:"長い眠り"に秘められた驚異のしくみとは?」『Newton』(35巻4号pp.104-111)/「寒冷な海に生きる魚と不凍タンパク質」『生物科学』(63巻4号pp.214-221)/「極限環境に生きる昆虫ネムリユスリカの生存戦略」『生物科学』(63巻4号pp.195-204)/「クマムシの乾眠と極限環境耐性」『生物工学会誌』(93巻4号pp.193-195)/「寄主に食害された植物が放出する揮発性物質に対する寄生蜂の特異的応答」『植物防疫』(70巻6号pp.366-370)/「シルクを設計する:遺伝子組み換えカイコとクモ糸シルク」『milsil』(9巻1号pp.13-15)/「化学合成生態系における動物と化学合成細菌との共生」『生物の科学 遺伝』(67巻4号pp.482-489)/「多様な微細構造を利用する自然界の構造色」『材料の科学と工学』(52巻2号pp.56-59)/「発光生物の光る仕組みとその利用」『化学と教育』(64巻8号pp.372-375)/「魚の体色とその変化:メカニズムと行動学的意義」『色材協会誌』(89巻6号pp.178-183)/「コウモリの生物ソナー機構」『生物科学』(65巻2号pp.68-74)/「イルカのソナーに学ぶ新しい魚群探知技術」『生物の科学 遺伝』(61巻1号pp.38-42)
　その他、各種文献、各専門機関のホームページを参考にさせていただきました。

◆図版・写真提供・協力者一覧

123RF／AGC旭硝子／flickr／Fotolia／iStockphoto／JAMSTEC／natural science／NOAA／NPS／photolibrary／pixabay／Pro.Photo／Shutterstock／Spiber株式会社／USGS／USFWS／阿達直樹／大島範子(東邦大学)／おきなわワールド ハブ博物公園／群馬県立日本絹の里／小林朋道(公立鳥取環境大学)／札幌市円山動物園／(国研)産業技術総合研究所(産総研、AIST)／信州大学繊維学部 中垣雅雄／株式会社住田光学ガラス／有限会社テイクス／東北学院大学教養学部情報科学科 松尾行雄・生研センター異分野融合研究支援事業／鳥羽水族館／日本アビオニクス株式会社／(国研)農業・食品産業技術総合研究機構(農研機構)／堀川大樹(慶應義塾大学)／(国研)物質・材料研究機構 構造材料研究拠点 垣澤英樹／三菱自動車工業株式会社／吉岡伸也(東京理科大学)／株式会社ライトニックス

※(CC)のクレジットが付いた写真は"クリエイティブ・コモンズ・ライセンス"表示-3.0または表示-継承-3.0(http://creativecommons.org/licenses/by/3.0/)の下に提供されています。

◆写真クレジット

【カバー・表紙】©Kirsanov Valeriy Vladimirovich/Shutterstock.com／©NPS／©iStockphoto.com/suefeldberg／コブシメ画像提供:鳥羽水族館
【裏表紙】群馬県立日本絹の里

●監修者紹介

石田秀輝（いしだ ひでき）

合同会社地球村研究室代表、東北大学名誉教授。酔庵塾塾長、ネイチャー・テクノロジー研究会代表、ものづくり生命文明機構副理事長、アースウォッチ・ジャパン副理事長、アメリカセラミックス学会フェローほか。(株)INAX〈現(株)LIXIL〉取締役CTO(最高技術責任者)を経て、東北大学教授、2014年より現職。ものづくりのパラダイムシフトに向けて国内外で多くの発信を続けている。特に、2004年からは、自然のすごさを賢く活かす新しいものづくり「ネイチャー・テクノロジー」を提唱。2014年から奄美群島沖永良部島へ移住、「心豊かなくらし方」の上位概念である「間抜けの研究」を開始。また、環境戦略・政策を横断的に実践できる社会人の人材育成や、子どもたちの環境教育にも積極的に取り組んでいる。近著に『光り輝く未来が、沖永良部島にあった!』(ワニブックス)、『地下資源文明から生命文明へ』(共著、東北大学出版会)、『自然に学ぶくらし』全3巻(監修、さ・え・ら書房)、『科学のお話「超」能力をもつ生き物たち』全4巻(監修、学研プラス)ほか多数。

＊イラスト＊
ふるやま なつみ
加藤愛一・小堀文彦・酒井真由美
成瀬敦視・三品隆司
ハユマ(田所穂乃香・原口 結)

＊カバー・本文デザイン＊
柳平和士

＊編集・構成＊
ハユマ(原口 結・田所穂乃香・近藤哲生・戸松大洋)

生き物の体のしくみに学ぶテクノロジー
環境適応のくふうがいっぱい!

2017年9月26日　第1版第1刷発行

[監修者]　石田秀輝
[発行者]　山崎　至
[発行所]　株式会社PHP研究所
　　　　　東京本部　〒135-8137　江東区豊洲5-6-52
　　　　　児童書局　出版部　TEL 03-3520-9635(編集)
　　　　　　　　　　普及部　TEL 03-3520-9634(販売)
　　　　　京都本部　〒601-8411　京都市南区西九条北ノ内町11
　　　　　PHP INTERFACE　http://www.php.co.jp/

[印刷所・製本所]　図書印刷株式会社

©PHP Institute,Inc. 2017 Printed in Japan　ISBN978-4-569-78700-8
※本書の無断複製(コピー・スキャン・デジタル化等)は著作権法で認められた場合を除き、禁じられています。また、本書を代行業者等に依頼してスキャンやデジタル化することは、いかなる場合でも認められておりません。
※落丁・乱丁本の場合は弊社制作管理部(03-3520-9626)へご連絡下さい。送料弊社負担にてお取り替えいたします。
NDC 519　63P　29cm